ゴクラクチョォチョ

バケチョォチョ

ウマジュチュ

カジチョォ

デェカンチョォチョ

ショォベンチョォチョ

カミサンチョォ

後ろばねのしっぽのような尾状突起を
船のかじに見たてた「カジチョォ」というよび名もあります。

オカヤマチョォ

チョンチョノバンコ

ババチョォ

ハチマンチョォ

カマクラチョォ

幼虫はユズの葉を食べるので「ユズボォ」、
鳥のフンににているので「トリクソムシ」などと
よばれていたようです。

アゲハ　もくじ

黒いしまもようのはねをもち、
日のあたる明るいところを飛んでいるのはアゲハです。
幼虫はミカンのなかまの葉を食べ、
白黒のイモムシから緑色のイモムシになります。

アゲハのくらし …… 3
アゲハは、日本じゅうでもっともふつうに見られるチョウのひとつ。
ナミアゲハとよばれることもあります。どんなくらしをしているのか見てみましょう。
- ●春型と夏型 …… 32

アゲハのなかま …… 33
- いろいろなアゲハ …… 34
- 幼虫はイモムシ …… 40
- 臭角いろいろ …… 43
- だれのさなぎ？ …… 44

調べてみよう …… 46
- 成虫のからだ …… 46
- はねのひみつ …… 50
- 幼虫を調べよう！ …… 54
- さなぎを調べよう！ …… 56
- 飼ってみよう …… 59
- もっとくわしく知りたい！ …… 64
- ●アゲハ新聞 …… 66
- さくいん …… 68

この本の使い方
- ● のついたところは64〜65ページ「もっとくわしく知りたい！」でせつめいしています。中学理科で学習する内容も入っています。くわしく知りたいときにつかってください。
- ●さくいんの太字は、そのことがらについて多くのことが書かれているページです。

アゲハのくらし

アゲハは、黒いしまもようが美しいチョウ。
春にあらわれ、夏のおわりまで見ることができます。

ランタナ

アゲハは、赤やオレンジ、ピンク色の花が大すき。
飛びながら目（複眼→48ページ）で花をさがし、
みつをすいます。

ランタナ

アゲハは花を見つけると、丸くまいていた口（→46ページ）をのばし、
根もとから約3分の1のところをくの字にまげ、
花のおくにさしこんでみつをさぐる。

アゲハは
ピンク色の花もすき。

ポンポンダリア

花のおくにあるみつは、
頭をつっこんですう。
からだにつけた花ふんを、
ほかの花へはこぶ手助けも
している（→表紙写真）。

ツツジ

パラパラアニメ
パラパラめくると
写真が動くよ！

トウワタ

メスがみつをすっています。
オスは、メスの前にまわりこみ、
いっしょうけんめいはばたいています。

オスは、メスを交尾にさそっているのです。
けれどもメスは知らんかお。

このようなオスの行動で交尾がはじまることはほとんどない。
オスは先に羽化（→25ページ）し、メスをさがして飛びまわる。
羽化がはじまったメスを見つけるとそばでまち、
メスが飛びたてるようになるとすぐに交尾する。
メスが交尾するのは、1回とはかぎらない。

1ぴきのメスに、
何びきものオスがやってくることもあります。

チトニア

交尾しているアゲハを見つけました。上がメス、下がオスです。
交尾をおえたメスは、2日ほどたつとたまごをうみはじめます。

オスとメスがおしりの先をくっつけあう交尾は1時間ほどつづく。
交尾がはじまると、オスはがっちりとメスをはさむので、
人がさわってもはなれることはない。

メスがイヌザンショウにやってきました。
おなかをまげ、葉にたまごをひとつずつ、
ていねいにうみつけていきます。

メスは、幼虫によい葉かどうかを、前あしでたたいてたしかめる。これをドラミングという。

たまごの直径は1mmほど。うすい黄色でまんまるな形をしており、のりのようなものでしっかりと葉についている。

2日たったたまご。赤みをおびている。

たまごのからがかじられて、あながあきました。
幼虫の黒い頭が見えています。

0時33分

気温が25度から30度のとき、
4日から5日でたまごから幼虫がでてくる。

0時41分
むねのあしが、ぜんぶでた。

0時55分
たまごから全身をだすのに約20分。そのあと30分ほどかかって
たまごのからを食べおわると、しばらく休む。1れい幼虫は、
たまごのからがなくても成長するため、からを食べる理由はよくわかっていない。

幼虫たちが休む葉には、うっすらと糸がしかれている。
おちないようにあしをひっかけるための糸ざぶとんだ。
おなかがすくと、おいしい葉をさがして動きまわり、
食べおわると、糸ざぶとんのある葉にもどることが多い。

サンショウの木には、ちがうすがたの幼虫もいました。
せなかに白いもようがくっきりとでた３れい幼虫です。

幼虫の育ちかた

幼虫はからだが大きくなると、きゅうくつになった皮をぬぎます。
これを脱皮といいます。たまごからかえったばかりの幼虫を１れい
幼虫といいます。アゲハはふつう４回脱皮し、５れい幼虫まで育ちます。

 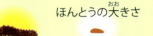 ほんとうの大きさ 頭のから
 約４mm　　はば0.5mm

１れい幼虫は、黒っぽい茶色。
からだの長さ約４mm。
２日ほどで脱皮して２れい幼虫になる。

 ほんとうの大きさ　　頭のから
約10mm　　　はば１mm

からだの長さ約10mmの２れい幼虫。
白いもようができた。１れい幼虫、２れい幼虫は糸をはいて
いごこちのいい糸ざぶとんつきの葉をつくり、その近くの葉を食べている。

 頭のから
ほんとうの大きさ
 約13mm
はば1.5mm

からだの長さ約13mmの３れい幼虫。白いもようがはっきりし、
じっとしていると鳥のフンそっくり。葉の表がわにいることが多く、
鳥から身をまもっているといわれている。

頭のから

はば2.4mm

脱皮して４れいになった幼虫。　ほんとうの大きさ
からだの長さは25mmをこえ、　
２れい幼虫の２ばい以上の大きさ。　約25mm
食べる量が多くなるので、いばしょを
あちらこちらにうつしながら葉を食べる。

4れい幼虫になって1週間。幼虫が動かなくなりました。
葉の上に糸をはいてからだをしっかりとささえ、じっとしています。

19時24分

皮がぴんとはり、
白いところが緑色っぽくなっている。茶色い皮がういて、
新しいからだがすけて見えるところもある。

21時25分

2時間後。
力を入れてぐっとのび、新しいからだをだす。
緑色の頭が見えはじめた。

やがて、せなかの皮がわれて脱皮がはじまりました。皮をぬぎおわるまで約5分。
まだしわしわしていますが、緑色の5れい幼虫に変身です。

21時27分

21時30分

2分後。からだをくねらせながら、ほとんどの皮をぬいだ。
頭のからもはずれかけている。脱皮がはじまると、
皮をぬぐのははやい。黒い皮は、糸で葉にくっついている。

さいごにおしりをぽんとぬくと、からだが
かたまるまで1時間ほど、じっとしている。
そのあと、ぬいだ皮を食べる。
からだの色はうすく、しわっぽい。

むねのあしで葉をはさみ、
はしから手前へ食べていく。

5れい幼虫になって2日ほどたつと、
からだはさらに大きく、きれいな緑色になりました。
もりもり食べては休み、また食べては休みます。

アゲハの5れい幼虫には、
白いソックスのようなもようがある。

1しゅうかんほどたつと、葉をあまり食べなくなり、
そわそわとおちつきなく歩きまわるようになりました。
からだがすきとおっています。
さなぎになる日が近づいてきたようです。

さなぎになる前の5れい幼虫は、水っぽいフンをして
からだのなかのものをすっかりだしてしまう（→61ページ）。
そのため、からだがすきとおってくる。
さなぎになる場所をさがして数十ｍ（時間にして
10時間ほど）歩くこともある。

歩きまわっていた幼虫は、気に入った場所を見つけると下をむき、口から糸をはいてあし場になる糸玉をつくります。

18時50分

糸をかさね、おしりを固定する糸玉をつくっているところ。

19時57分

糸玉ができるとおしりをしっかりとひっかけ、からだのむきをかえます。そして、あたまを左右にふってじぶんのからだのまわりに糸の輪（帯糸→56ページ）をつくりました。

19時57分

からだ全体がちぢみ、
糸だけでからだをささえています。
さなぎになる前の形、前蛹です。
このまままる1日、じっとしています。

つぎの日

4時40分

からだ全体にこまかい
しわができている。

前蛹になった つぎの日

つぎの日、
幼虫の頭のうしろがさけ、
さなぎが見えてきました。

2時37分

幼虫のときの皮は下にぬぎおろされるため、
白いソックスのようなもようが、
くしゃくしゃになっている。

触角
はね
2時39分

はね
2時41分

からだがくねくねと動くうちに成虫そっくりの形があらわれた。
はねや触角が見える。
糸玉にくっついた幼虫の皮が、新しいさなぎの
からだをささえている。

蛹化突起（→57ページ）を幼虫の皮にくっつけてささえにし、
おしりの先をひきぬく。そのあと、いそいで
おしりの先を糸玉にひっかけなおし、しっかりひっかかると
からだをはげしくくねらせ、ぬいだ皮をふりおとす。

3時間ほどたつとさなぎの完成！

5時54分

むねにかけた帯糸と、
おしりにひっかけた糸玉で
からだをえだに しっかりとつなぎとめた。

アゲハは、3月から8月までの間に4回から5回、たまごから生まれて、成虫になるくらしをくりかえします。そして、8月のおわりにさなぎになったアゲハは、そのまま冬をこします。

冬

冬ごしするさなぎを越冬蛹とよぶ。
7か月もさなぎですごす越冬蛹（→58ページ）は、まわりの皮があつく、5度の気温で2週間いじょうすごさないと、成虫になることができない。気温だけでなく、昼の長さも関係していると考えられている。

羽化がはじまるのは午前中が多い。
はねのもようがすけて見える。
さいしょは、横にわれめができる。
8時50分

われめにそってパカッと
さなぎのからがひらき、
あしがでてくる。
8時51分

春。冬をこしたさなぎが動きました。
せなかと横にわれめができています。
羽化のはじまりです。

さなぎからでてくる時間はほんの5分ほど。
はねをのばす場所をもとめて、
しっかりとした足どりで上へ上へとのぼっていきます。

8時52分

あしを上にのばし、つかまりやすいところをさがす。
このあと、からだをひきぬく。

8時56分

はねを広げるため、
葉にぶらさがったアゲハ。
からだもはねもしめっている。

１ぴきのメスは、
100こほどのたまごをうむ。
そのなかで成虫になれるのは
10こほどしかない。

30分後。からだはかわき、
はねがきれいにのびました。
長い冬をこした
メスのアゲハのたんじょうです。

まだ虫のすがたも少ない早春に
小さなアゲハを見つけました。
ボケの花でいっしょうけんめい
みつをすっています。

アゲハには、<mark>たくさんのてき</mark>がいます。
きびしいしぜんのなかで
アゲハはなかまと出会い、
しそんをのこすため、
けんめいに生きています。

冬をこしたアゲハのからだは小さく、毛が長い。
春型とよばれる。
成虫のじゅみょうは3週間ほどで、
春型がうんだたまごは、夏型のアゲハになる（→32ページ）

春型と夏型

さなぎで冬をこしたアゲハは、
3月から4月ごろに羽化します。
からだが小さく、黒い部分が
少なめなので、明るい色に見えます。
春型とよばれています。
6月ごろからあらわれる夏型のアゲハは、
からだがひとまわり大きく、
黒いもようは太くなっています。

アゲハの1年

春から夏、アゲハは
なんどもたまごから
成虫になります。
（地いきや年によって
ちがいます。）

第1世代 さなぎで冬をこし、春に羽化する。
第2世代・第3世代・第4世代

● 春型
● 夏型

春型

クリーム色の部分が広い。

オス

メス

夏型

はねのまわりの黒い部分が大きく、こい。

赤いもようのないものが多い。

オス

はねは黄色っぽい。

メス

写真はじっさいの大きさです。

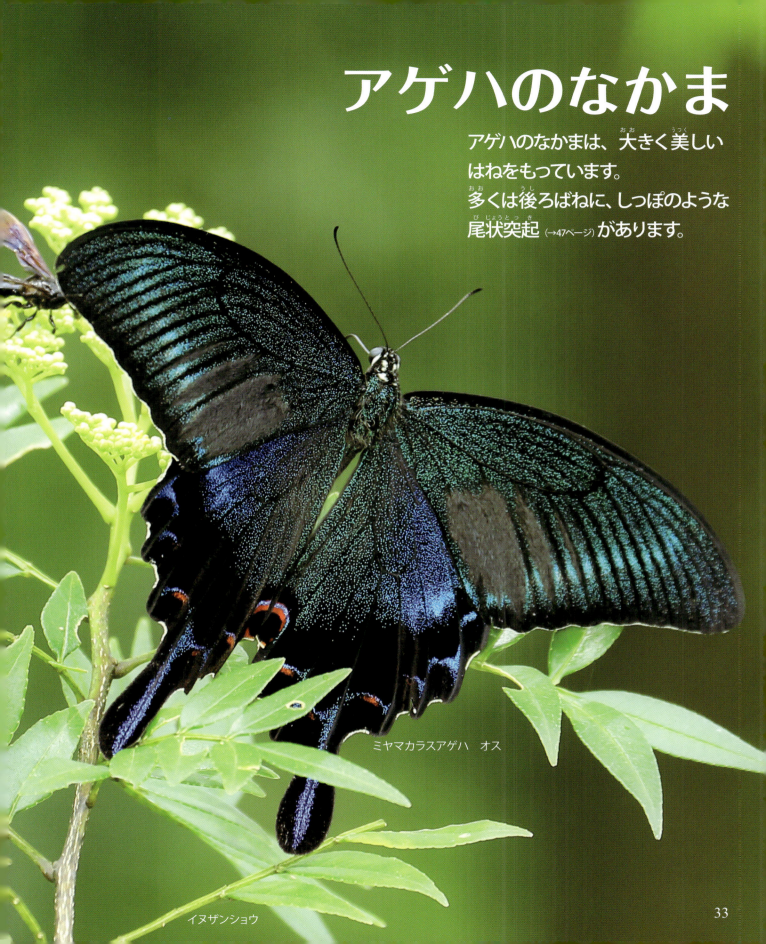

アゲハのなかま

アゲハのなかまは、大きく美しいはねをもっています。
多くは後ろばねに、しっぽのような尾状突起(→47ページ)があります。

ミヤマカラスアゲハ オス

イヌザンショウ

いろいろなアゲハ

アゲハのなかまは、日本に約20種類。キアゲハ、クロアゲハはアゲハに近いなかまですが、アオスジアゲハ（→38ページ）やジャコウアゲハ（→39ページ）は、少し遠いなかまです。
ホソオチョウ（→66ページ）のように人が外国からもちこみ、日本でふえはじめたチョウもいます。

メス（春型）

オス

キンセンカ

アゲハによくにているがアゲハより黄色っぽく、前ばねのつけ根が黒い。明るい草地を好み、山の頂上でなわばりをつくって飛ぶ。

キアゲハ
■ 70～90mm
■ 北海道、本州、四国、九州、屋久島、種子島
■ 4月～9月

■はねを広げたときのはしからはしまでの長さ　■すんでいるところ　■見られる時期

クロアゲハ
- 80〜110mm
- 本州、四国、九州、南西諸島
- 4月〜10月

町のなかでよく見られる黒いアゲハのなかま。
オスは、後ろばねのつけ根近くに三日月形の白いもようがあるので、メスと見わけることができる。
うすぐらい場所をくぐりぬけるように飛ぶことが多い。

モンキアゲハ
- 100〜120mm
- 本州、四国、九州、南西諸島（沖縄諸島以北）
- 5月〜10月

後ろばねに大きく白いもんのあるアゲハ。白いもんは羽化してすぐは白いが、
だんだん黄色くなる。メスのほうが赤いもんがめだつ。
オスは山道のぬかるみなどでよく水をすい、なんびきも集まることがある。

メスは赤いもんがめだち、
前ばねにオスのような毛がない。

メス

山地に多く、山道などで水をのむすがたがよく見られる。
オスは青緑色にかがやく。
ひくいところをすばやく飛び、
林道にそって通り道をつくる。

オス

左右の前ばねに
毛がある。

カラスアゲハ
- 80〜120mm
- 北海道、本州、四国、九州、吐噶喇列島
- 4月〜9月

メスは赤いもんがめだち、前ばねにオスのような毛がない。

メス

カラスアゲハより飛び方はゆるやか。山道などでカラスアゲハといっしょに水をのんでいることもある。少し高い山地にすむ。前ばねと後ろばねに青いもようが帯のようにはっきりでる。

左右の前ばねに毛がある。

オス

ミヤマカラスアゲハ
■ 80〜130mm
■ 北海道、本州、四国、九州、屋久島、種子島
■ 4月〜8月

オス

メス

尾状突起(→47ページ)のない
大型のアゲハ。
メスには白いもんがある。

ナガサキアゲハ
- 90〜120mm
- 本州(関東地方以南)、四国、九州、南西諸島　すむ地いきを北に広げている。
- 4月〜10月

ランタナ
オス

青いもようがよくめだつ中型の
アゲハ。幼虫が食べる
タブノキ、クスノキなどが道路や
公園にうえられていることが多い
ため、町なかでよく見られる。

アオスジアゲハ
- 55〜65mm
- 本州、四国、九州、南西諸島
- 5月〜10月

レンゲ

春に多く、夏は少ない。
はねを、はやく
ふるわせて飛ぶ。

ミカドアゲハ
- 55〜70mm
- 本州(愛知県以南)、四国、九州、南西諸島
- 4月〜11月

メス
ツツジ

ジャコウアゲハ
- 75〜100mm
- 本州、四国、九州、南西諸島
- 5月〜9月

メスの前ばねはうすい茶色。オスは黒くにぶい光沢がある。尾状突起は長い。はらが赤く、オスは後ろばねから強いにおいをだす。

春の女神、ギフチョウ

本州だけにすみ、早春にあらわれるギフチョウは、小さく美しいすがたから「春の女神」とよばれます。
岐阜県で発見されたチョウから名前がつけられました。幼虫は全身に黒い毛がある毛虫。成虫は、はねのもようから「ダンダラチョウ」ともよばれます。日本の特産種、絶滅危惧種です。

幼虫は集団ですごす。

ギフチョウのたまご。

ギフチョウは、春のおわりごろにさなぎになり、そのままつぎの年の春まですごす。

早春、カタクリの花でみつをすうギフチョウ。

ギフチョウ
- 50〜60mm
- 本州（秋田県以南）
- 3月〜6月

幼虫はカンアオイなどを食べて育つ。

幼虫はイモムシ

アゲハのなかまでは、1れいから4れいまでの幼虫は、身をまもるため、鳥のフンそっくりのもようをしています。
終れい幼虫は、ほとんどが緑色。もようの入りかたで見わけます。

5れい幼虫

3れい幼虫

4れい幼虫

キアゲハ
- 約 50mm
- さなぎで冬ごし
- ニンジン、セリ、シシウド、シラネセンキュウなど
- 黒いしまもようにオレンジ色の点がある。1れいから3れいは、鳥のフンのように黒色に白い帯。

5れい幼虫

クロアゲハ（→63ページ）
- 約 55mm
- さなぎで冬ごし
- ユズ、ナツミカン、カラタチ、ミヤマシキミなど
- せなかにある茶色の帯にあみめもようがあり、つながっている。

4れい幼虫

5れい幼虫

モンキアゲハ
- 約 60mm
- さなぎで冬ごし
- ナツミカン、カラスザンショウなど
- 1れいから3れい幼虫は、鳥のフンのような色。終れい幼虫のせなかの帯はとちゅうで切れている。

- 頭からおしりの先までの長さ
- 冬ごしのようす
- 食べものになる植物
- 特徴

5れい幼虫　　　5れい幼虫

カラスアゲハ
- 約50mm
- さなぎで冬ごし
- カラスザンショウ、コクサギなど
- からだを持ちあげ、ヘビのように見せる。ミヤマカラスアゲハの幼虫とよくにている。

5れい幼虫　　　5れい幼虫

ミヤマカラスアゲハ
- 約50mm
- さなぎで冬ごし
- キハダ、ハマセンダンなど
- からだを持ちあげ、ヘビのように見せる。もようの形でカラスアゲハと見わける。

4れい幼虫　　　5れい幼虫

ナガサキアゲハ
- 約70mm
- さなぎで冬ごし
- ナツミカン、ユズなど
- せなかの帯は白っぽい。アゲハのなかまの幼虫で、最大。

ジャコウアゲハのたまご

1れい幼虫

5れい幼虫

ジャコウアゲハ
- 約40mm ■さなぎで冬ごし
- ウマノスズクサ、オオバウマノスズクサなど
- やわらかいでっぱりは先が赤く、全身にある。めだつ色は、てきをおどすためのけいかい色。

4れい幼虫

5れい幼虫

ミカドアゲハ
- 約40mm ■さなぎで冬ごし
- オガタマノキ、タイサンボクなど
- 黄色と黒の目玉もようが特ちょう。4れい幼虫は、黄色。

5れい幼虫

アオスジアゲハ
- 40〜45mm ■さなぎで冬ごし
- クスノキ、タブノキなど
- 小さな目玉もようをつなぐような黄色い帯がある。

臭角いろいろ

アゲハのなかまは、てきをおどすため、頭の後ろにある2本の「臭角」とよばれる角からにおいをだします。そのにおいは、食べた葉からつくられたもの。くさいにおいですが、幼虫たちが食べたもののにおいです。

クロアゲハ

ナガサキアゲハ

アゲハ

モンキアゲハ

ミカドアゲハ

キアゲハ

カラスアゲハ

ジャコウアゲハ

どこにしまっているの？

臭角はあたまの後ろの皮の内がわにしまってあります。幼虫が、からだに力を入れると外におしだされます。だしおわると、内がわからひっぱられてからだのなかにもどります。

臭角は、さなぎになる日が近くなるとすけて見えることがある。

臭角は、ふくろをうらがえすように頭の後ろからでてくる。しまうときは、うらがえすようにからだのなかにひきこむ。

●ミカドアゲハ
1本の角が前につきだし、葉の先に頭をむけていることが多い。

だれのさなぎ？

アゲハのさなぎは、むねに帯糸をかける帯蛹。はらを持ちあげ、せなかをそらせています。色はさまざまですが、頭やむねのでっぱり、大きさなどで、どんな成虫がでてくるか見わけることができます。

じっさいの大きさ

●アゲハ（→ 56ページ）

●アオスジアゲハ
角は上むきにつきだし、角からのびた4本のすじがよくめだつ。

●モンキアゲハ
アゲハのなかまでは、むねをいちばん大きくそらせている。

●ミヤマカラスアゲハ
はばがあり、角が左右にひらいて見える。

●カラスアゲハ
せなかから見るとはばがある。
2本の角はまっすぐ。

●キアゲハ
全体が太くみじかい。あまりそらない。

●クロアゲハ
アゲハよりひとまわり大きい。せなかのでっぱりが小さい。

●ジャコウアゲハ
頭に角はなく、せなかのオレンジ色のもようがよくめだつ。

●ナガサキアゲハ
角の形に特ちょうがある。せなかのでっぱりは小さい。

まゆのなかのさなぎ

ウスバシロチョウは、はねが白く「シロチョウ」という名ですが、アゲハのなかま。尾状突起（→47ページ）はなく、さなぎはうすいまゆにつつまれます。モンシロチョウより少し大きく、春先に山地の明るい草地や畑などをゆっくりと飛びます。かれ葉やかれ木にうみつけられたたまごで冬をこします。

成虫

さなぎはうすいまゆにつつまれている。

ムラサキケマンの花を食べる幼虫。

ウスバシロチョウ
■ 50〜60mm　■ 北海道、本州、四国　■ 4月〜6月
幼虫はムラサキケマンなどを食べて育つ。

調べてみよう
成虫のからだ

成虫のからだは、頭、むね、はらの
3つの部分にわけられます。
むねには大きな4まいのはねと6本のあしがあり、
目も口も幼虫とちがいます。
頭に近いほうを前、はらのはしのほうを後ろ、
とまったとき上になるほうをせなかがわ、
下になるほうをはらがわとよびます。

せなかがわには、白いところがある。

触角
においなどを感じている。
りんぷんにおおわれておらず、
たくさんの節がつながっている。

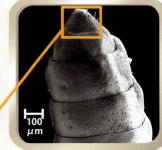

触角の先を電子けんび鏡で見たところ。
全体はうろこのようなものでおおわれ、
くぼみには感覚毛がある。

触角
頭に2本あり、複眼のあいだ
からでている。→ 46ページ

口
まいたりのばしたりできるストローの
ようなくだ。幼虫のときの小あごが変化
したもので、羽化するときに左右から
1本ずつのびたものがひとつに
あわさってできる。

複眼
目は、たくさんの個眼で
できているため、複眼と
よばれる。→ 48ページ

口
成虫の食べもの、花のみつ
などをすうくだ。みつの
味を感じる。→ 46ページ

中あし

前あし
いちばん前についている
左右2本のあし。
オスとメスでちがう。
→ 49ページ

口の先の外がわには
あまみを感じるところがある。

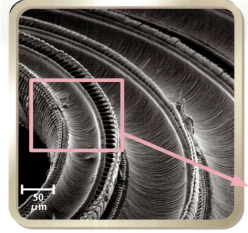

口を半分にわり、電子けんび鏡で拡大した。
ホースを半分にわったような形をしている。
内がわに見える感覚毛は、味を感じていると
考えられている。

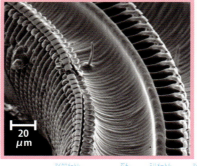

46

1μmは1000分の1mm。20μmは0.02mm、50μmは0.05mm、100μmは0.1mm。

複眼

アゲハの複眼は、外からは真っ黒に見える。
視力は 0.02 ほどだが、
上下、左右を広く見わたすことができる。

六角形の個眼が 12000 こほど集まってできている。
人には見えない紫外線も見えるので、人よりずっとゆたかな色の世界にすんでいる。

複眼は頭の左右にあり、ボールを半分にわったような形。

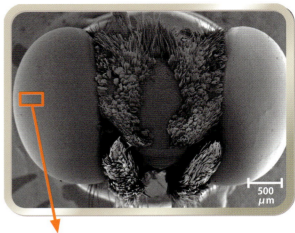

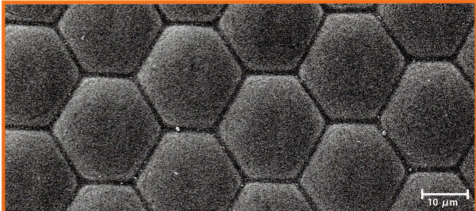

電子けんび鏡で拡大した複眼。六角形の個眼が、すきまなくならぶ。

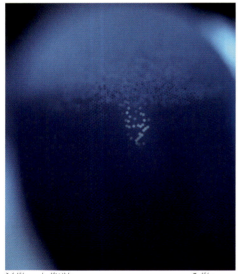

複眼に紫外線をあてると、いくつかの個眼が光る。光る個眼は、右写真のピンク色に見えるもの。

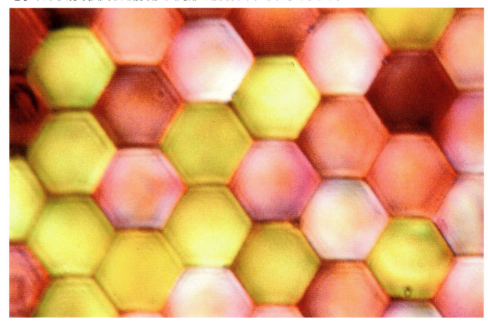

個眼には 3 種類の色フィルターがある。そのため複眼の内がわから光をあてると、黄色、赤色、ピンク色の 3 種類の色がでる。

1 μm は 1000 分の 1 mm。10 μm は 0.01mm、100 μm は 0.1mm、500 μm は 0.5mm。

前あし

先にいくほど細くなる。
メスは前あしで葉をたたき、たまごをうむ葉を見わけるため、感覚毛がたくさんある。

りんぷんがない。

前あしはとちゅうまでりんぷんにおおわれている。

つめ

メスの前あし。つめは2本。

 あしをはらがわから電子けんび鏡で見たところ。

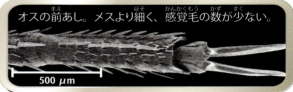

オスの前あし。メスより細く、感覚毛の数が少ない。
500 μm

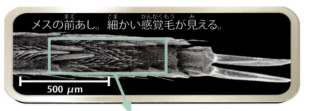

メスの前あし。細かい感覚毛が見える。
500 μm

50 μm

メスのはねは緑色？

はねのもようをまねたしまもようのカードをつくってみました。
ひとつは黄色と黒色、もうひとつは緑色と黒色のカードです。
オスは、緑色と黒色のカードをメスとまちがえて、さかんにアピール。
アゲハの複眼で見ると、メスのはねは緑色と黒色のしまもようなのでしょう。
アゲハが見ている色とわたしたちが見ている色は、かなりちがっているようです。

いろいろなカードをおくと、緑色のカードに近よった。
みつをすいにきたのか、メスをさがしにきたのかは、わからない。

黄色と緑色の線のはばは約7㎜。

緑色と黒色のカードに近づいてきたオス。

カードにむかってからだを立て、はばたく。
これは交尾にさそうポーズ（→6ページ）。

49

花にとまろうとしており、あしも口ものばしている。

はねのひみつ

飛ぶときは、前ばねと後ろばねをいっしょに動かす。はねを動かしているのは、むねの筋肉。

アゲハは、しなやかで強い大きな4まいのはねをつかって風にのり、すべるように空を飛びます。はねは、太陽の光と熱を受け、からだをあたためるのにもつかわれます。また、おそわれたとき、からだをまもる役目もしています。

3月。気温がひくいと動くことができないので、かれ草の上ではねを広げ、からだをあたためている。

てきにおそわれ、後ろばねをほとんどうしなったアゲハ。前ばねがあれば、なんとか飛ぶこともできる。

はねの色をつくっているのは、りんぷんです。
いろいろな色と形があり、それぞれつくりがちがいます。
また、あぶら分をふくんでいるためつるつるしています。
水をはじき、はねがぬれるのをふせぎます。

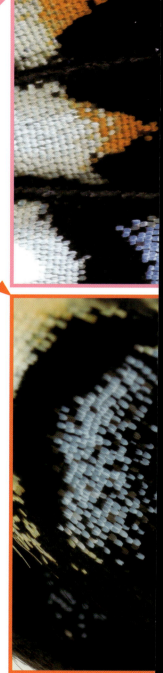

おしり（はらの先）

おしり（はらの先）

はねのもようでは、オスとメスを見わけにくいので、アゲハは、おしりの形でオスとメスを見わけます。

メス

横から見たところ。
おしりの先が四角い。

下から見たところ。

メスのおしりの先、黒いところの内がわに光を感じる「おしりの目」がある。

オス

横から見たところ。
おしりの先が三角。

下から見たところ。
おしりの先で、メスをはさむ。

アゲハは、オスもメスもおしりの先に光を感じる「目」を持っている。
メスは、きちんとたまごをうむことができているかを、オスは、きちんと交尾ができているかを確認するためにおしりの目をつかっている。
おしりの目はほかのチョウにもある。

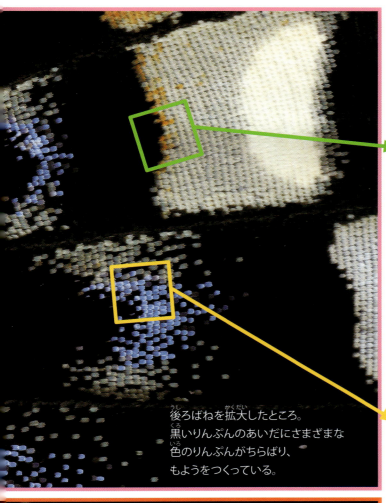

後ろばねを拡大したところ。
黒いりんぷんのあいだにさまざまな
色のりんぷんがちらばり、
もようをつくっている。

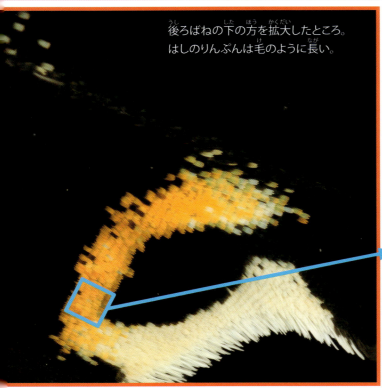

後ろばねの下の方を拡大したところ。
はしのりんぷんは毛のように長い。

白いりんぷんでは、
下のりんぷんが
すけて見える。

青いりんぷんには色素がない。
黒いりんぷんの上にあって、
光を受けて青く見えている。

オレンジ色のりんぷん。
ところどころに白い
りんぷんがある。

幼虫を調べよう！

頭の表面にはかたい毛があり、葉をかみ切る口（大あご）や糸をだす吐糸口があります。からだ全体はやわらかく、かわをぬいで大きくなっていきます。

- 触角
- 上くちびる
- 大あご
- 小あごひげ
- 吐糸口
- 目

眼状もん
幼虫は後胸をふくらまし、眼状もんを大きく見せててきをおどろかす。

第1腹節・後胸・中胸・前胸

頭

目
目は左右に6こずつ。
ひとつずつ色の感じ方がちがう。
形をしっかり見わけることはできないが、色は見わけられる。
ただ、成虫ほどは見えていない。

大あご
青い上くちびるの内がわにある大あごで葉をかじる。

むねのあし
前胸、中胸、後胸の左右に1対ずつ、6本ある。成虫のあしになる。

臭角をだし、てきをおどろかす。

手でさわると、臭角をこすりつける。

4れい幼虫の臭角。先がとうめいなのは、5れい幼虫になる直前で、新しいからだが内がわでできはじめているため。

第2腹節 第3腹節 第4腹節 第5腹節 第6腹節 第7腹節 第8腹節 第9腹節 第10腹節

気門
こきゅうをするところ。前胸と第1～第8腹節に、左右に1対ずつ18こ。気門から入った空気は気管をとおってからだのなかにいきわたり、いらなくなった二酸化たんそをだす。

はらのあし
第3、4、5、6腹節と第10腹節左右に1対ずつ10本ある。
あしの先は、きゅうばんのようで、小さなかぎづめがものにつかまるはたらきをする。成虫になるときえる。

はらのあしはおちないようにがっちりとえだをつかむ。

尾きゃく
第10腹節にあるあしは、尾きゃくとよばれる。

尾きゃくの先は糸にひっかかりやすい形。

さなぎのぬけがら。羽化するときにからだからだした水分がのこっている。

さなぎを調べよう！

さなぎになって2日ほどたつと、成虫のからだができてきます。
さわるとピクピクと動きます。
せなかに1つでっぱりがあるのが、アゲハのさなぎのとくちょうです。

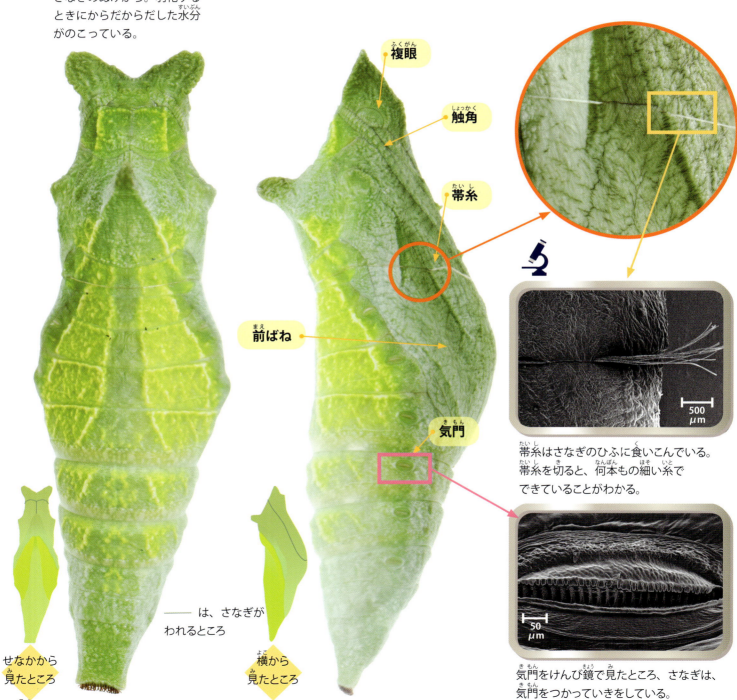

― は、さなぎがわれるところ

せなかから見たところ

横から見たところ

複眼
触角
帯糸
前ばね
気門

帯糸はさなぎのひふに食いこんでいる。帯糸を切ると、何本もの細い糸でできていることがわかる。

気門をけんび鏡で見たところ、さなぎは、気門をつかっていきをしている。

1μmは1000分の1mm。20μmは0.02mm、100μmは0.1mm。

複眼
口
触角

アゲハのなかまは、複眼と口がはなれている。

口
触角
前ばね
口の先

おなかから見たところ

触角
口

成虫のストローのような口は、さなぎのときは2本。触角よりも長い。

蛹化突起とよばれるでっぱり。さなぎに脱皮するとき、からだをささえる（→22ページ）。

おしりの先には小さなかぎづめがたくさんあり、糸にひっかけてからだをささえる。

つるつるした場所でさなぎになるとき、幼虫はたくさんの糸をはいて足場をつくる。そのため、さなぎをはがすと、たくさんの糸がついてくる。

50 μm

布をくっつける面ファスナー。さなぎのかぎづめとよくにている。

57

さなぎの色は、さなぎになるときの場所や光のようす、湿度などで決まるようです。
また、さなぎには、10日から20日で羽化するさなぎと、冬ごしするさなぎがあります。
冬ごしするさなぎは越冬蛹とよばれ、さむさをけいけんしないと成虫にはなりません。

つるつるしたキンカンのえだにいた緑色のさなぎ（5月）。

家のそばのパイプでさなぎになった（7月）。

ブルーシートで冬ごしするさなぎ（12月）。

ざらざらした木で冬ごしするさなぎ（3月）。

昼の長さ（明るい時間）が13時間半よりみじかくなると、幼虫は越冬蛹をつくる。越冬蛹の大きさや色はさまざま。
その土地の気温によってちがうが、越冬蛹は、長いものでは7か月もさなぎですごし、3月から4月ごろ、あたたかくなると羽化する。

飼ってみよう

アゲハの幼虫を飼おうと思ったら、公園などでさがしてみましょう。
庭やベランダにキンカンやレモンの木があると、
そこにたまごや幼虫がいるかもしれません。

サンショウの葉にいた2れい幼虫。

見つけかた

幼虫が食べている葉を
よく観察しておこう。

キンカンの葉にうみつけられた
たくさんのたまご。

葉をよく見よう。かじったあとがあったら、
その近くに幼虫がいる。写真は2れい幼虫。

よういするもの

ミカン、キンカン、レモン、ユズ、
サンショウなどの葉

飼育ケース

新聞紙
（ケースの大きさに
あわせて切っておく）

筆
幼虫をうつしかえる
ときにつかう。

ティッシュペーパー

キンカン。幼虫はやわらかい
葉から食べていく。

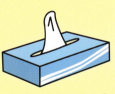
イヌザンショウ。
サンショウとよくにている。

ルー。ハーブのひとつで、
飼育につかいやすい。

葉は安全なものを

園芸店などでキンカンやレモン、ユズの木が売
られていますが、これらの木にはたくさんの農
薬がかけられています。買ってすぐにあたえると、
幼虫は死んでしまいます。1か月ほど雨にさらし
て農薬をぬかなければなりません。幼虫を飼う
ときは、早めに葉を用意しておきましょう。

たまごから4れい幼虫まで

幼虫が小さいうち（1れいから4れい幼虫まで）は、フルーツやミニトマトが入っているプラスチック容器で飼うことができます。

- わかく、やわらかな葉をあたえましょう。ぬらしたティッシュなどでえだのはしをつつみ、外側をアルミホイルでくるんで容器に入れます。葉がかんそうしないようにするためです。
- 毎日フンのそうじをし、食べる量を見て、葉が少なくなってきたらかえてやりましょう。

幼虫は3びきぐらいまで。

飼うときの注意！

- かとり線香や虫よけスプレー、たばこは近くでつかわない！
- 日光やエアコンの風がちょくせつあたるところにおかない。
- 手でさわらない。葉やえだ、わりばしなどにうつしてそうじしよう。
- 飼育ケースのなかがむれたり、かわきすぎると病気になる。ケースの内がわに水がついたらきれいにふきとり、風とおしのよいところにおこう！
- 葉がすぐにかわくほどかんそうしていたら、ビニールなどでおおってやろう。
- 死んだ幼虫は土にうめるか、紙につつんですてる。飼育ケースのなかにそのままほうっておかないようにしよう。

5れい幼虫になったら

3びき以上の幼虫がいると、葉は1日でなくなります。大きめのえだは市販のケースに入らないことがあるので、つくってみましょう。

なかに入れるえだの大きさを考えてわくをつくる。このわくは、ぼんさい用の直径4mmの銅線。

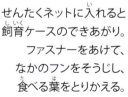

せんたくネットに入れると飼育ケースのできあがり。ファスナーをあけて、なかのフンをそうじし、食べる葉をとりかえる。

あみでできた小物入れを利用してつくった飼育ケース。

段ボールなどをしくと、そうじのときにべんり。ペットボトルの口にはティッシュなどをつめて、幼虫がおちないようにする。

フンのそうじ

幼虫が小さなうちは、葉を食べる量が少なく、
フンも小さいのですが、できるだけ毎日そうじをし、
かんさつするようにしましょう。
育つにしたがって、フンの大きさはかわります。
色や形をこまかくかんさつしてみましょう。

まわりからおしだすので、フンは
まんなかがへこんだり丸くなったりする。

そうじのときに集めた5れい幼虫のフン。

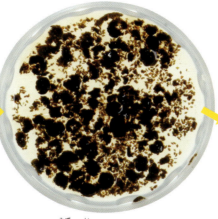

フンを水に入れ、しばらくおく。
水をすってばらばらになりはじめる。

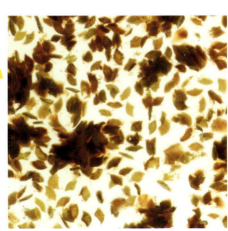

食べた葉の形が見えてくる。

水のようなフンをしたら、さなぎになるサイン

たくさん食べていた幼虫があまり
食べなくなったら前蛹になる日が
近づいています。
しばらくすると水っぽいフンをし、
2日ほどで前蛹になります。
この時期はさなぎになる場所をさがして
ものすごく歩くので、小さなすきまから
にげだすこともあります。
ふたをしっかりとしめておきましょう。

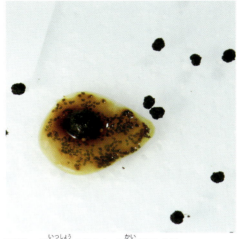

アゲハが一生のうちに1回だけするフン。
ほかのフンとまったくちがう。

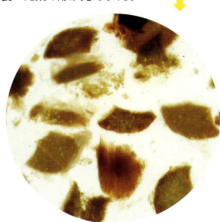

幼虫がかみ切った葉の形がわかる。

さなぎになるとき

さなぎはからだのなかをつくりかえるとき。2週間ほどそっとしておきます。はねを広げることができないようなせまい場所でさなぎになったら、わりばしなどで場所をつくってやります。

❶ わりばしに木工用ボンドをのせ、しばらくおく。
❷ さなぎの形に注意し、はらがわのおしりに近い部分をボンドの上にのせる。むねと頭をそらした形になるよう、むねと頭はクリップの上におく。
❸ しっかりくっついたら、わりばしを発泡スチロールにたてる。ぐらぐらしないように気をつけて。
❹ わりばしは、牛乳パックにあなをあけて立てることもできる（右写真）。

● さなぎはさかさまでもだいじょうぶなので、丸めた紙の上にわりばしをおくこともできる。

チョウになったら

成虫を飼うためにはとても広い場所が必要です。せまい場所だと、アゲハは外にでたくてバタバタし、はねやあしをいためてしまいます。羽化したら、よく観察してはなしてやりましょう。
また、外でメスをつかまえたら、60ページのような大きめの飼育ケースに、やわらかいミカンやレモンの葉を入れてたまごをうませてみましょう。

帯糸が切れてしまったら

むねにかけた帯糸が切れ、前蛹やさなぎがぶらさがっていることがあります。こんなときは、円すい型のつつをつくって入れてやりましょう。さなぎになり、羽化します。

❶ とうめいなクリアポケットで円すい型のつつをつくり、前蛹の頭を上にして入れる。
❷ ペットボトルの口にはめる。
❸ 画用紙やコピー用紙でもつくることができる。直径5cmほどの円すい型に丸めた紙のつつに、前蛹を入れる。頭は上にくるように。つつの口が上をむくよう、小さめのコップに入れる。

さなぎのメスとオス

メスのはらの先のまんなかには、くぼみがあります。オスのはらに、くぼみはありません。

メス　オス

アゲハとクロアゲハの見わけかた

キンカンやレモン、サンショウ、イヌザンショウの木にはクロアゲハの幼虫がいます。よくにていますが、見わける方法があります。

アゲハのたまご。　クロアゲハのたまご。

アゲハ

アゲハの1れい幼虫。からだに大きなとげはない。

アゲハの4れい幼虫。からだはごつごつして見える。

白いもようはせなかのとちゅうでとぎれている。

アゲハの5れい幼虫。帯が黒っぽいものもいるが、あみめもようはない。

クロアゲハ

むねのとげ　おしりのとげ

生まれたばかりのクロアゲハの1れい幼虫。むねとおしりに2本の大きなとげがある。

クロアゲハの4れい幼虫。アゲハの幼虫にくらべ、むねのはばがあり、全体はぬるっとして見える。せなかに白いもようがつづいている。

クロアゲハの5れい幼虫。はばの広い茶色の帯にあみめもようがある。

知りたい！
アゲハのことを、もっと知りたくなった人のためのページです。

P30

たくさんのてき

カマキリやクモ、ハチやカメムシ、鳥は、成虫にとっても幼虫にとってもこわいてきです。
たまごや幼虫、さなぎにたまごをうみつけ、からだを食べて成長する寄生バチも、おそろしいてきです。

クモ
クモのあみにかかったアゲハ。やがて、クモにぐるぐるまきにされ、体液をすわれる。

ハナグモ
花や葉にかくれてまちぶせし、えものをとらえる。小さな幼虫をとらえ、体液をすう。

鳥
5れい幼虫をくわえたシジュウカラ。巣に持ちかえり、ひなにあたえる。

オオカマキリ
花でまちぶせして成虫をとらえたり、幼虫もとらえ、大きなあごで食べる。

クチブトカメムシ
太い口をのばして、体液をすう。幼虫がにげないようにぶらさげる。

テラニシシリアゲアリ
よわった幼虫やさなぎをたくさんのアリでこうげきし、食べてしまう。

アゲハヒメバチ
幼虫にたまごをうみ、さなぎのからだを食べて育つ。写真はアゲハヒメバチのさなぎ。

アオムシコバチ
さなぎにたまごをうみつけ、さなぎのからだを食べつくし、成虫になってでてくる。

アゲハタマゴバチ
アゲハのたまごに、たまごをうむ。アゲハの幼虫がうまれる前にたまごを食べつくし、成虫となってでてくる。

p34

アゲハに近いなかま

この本では「アゲハに近いなかま」はアゲハチョウ族をさしています。アオスジアゲハやミカドアゲハ、ジャコウアゲハ、ギフチョウなどはアゲハチョウ族ではありませんが、アゲハチョウ科にふくまれます。

アゲハチョウ科

アゲハチョウ亜科

■アオスジアゲハ族
アオスジアゲハ（→ 38ページ）
ミカドアゲハ（→ 38ページ）

■アゲハチョウ族
アゲハ（→ 3〜32ページ）
クロアゲハ（→ 35、63ページ）
モンキアゲハ（→ 35ページ）
キアゲハ（→ 34ページ）
カラスアゲハ（→ 36ページ）
ミヤマカラスアゲハ（→ 37ページ）
オナガアゲハ
ナガサキアゲハ（→ 38ページ）
シロオビアゲハ

■ジャコウアゲハ族
ジャコウアゲハ（→ 39ページ）
ベニモンアゲハ

ウスバシロチョウ亜科

■ウスバシロチョウ族
ウスバシロチョウ（→ 45ページ）
ヒメウスバシロチョウ
ウスバキチョウ

■タイスアゲハ族
ギフチョウ（→ 39ページ）
ヒメギフチョウ
ホソオチョウ（→ 66ページ）

クロアゲハ（オス）

オナガアゲハ（メス）

日本には、ヨーロッパとシベリア地方にすむキアゲハ、中国やロシアにすむアゲハやミヤマカラスアゲハ、東南アジアからオーストラリアにかけてすむアオスジアゲハがぜんぶすんでいる。

p56

成虫のからだができてきます

アゲハは、さなぎのなかで成虫のからだがほとんどできています。
そのため、羽化のとき、だしたあしをすぐに動かすことができます。
いっぽうトンボは、幼虫からちょくせつ成虫になります。さなぎにはなりません。
そのため羽化のとき、成虫のからだがかたまるまで またなければ動けません。
アゲハのように幼虫からさなぎになり、成虫となることを完全変態といいます。
トンボのようにさなぎにならず、幼虫から成虫になることを不完全変態といいます。

ヤブヤンマの羽化。おしりでぶらさがってあしがしっかりするまでまつ。

あしがしっかりすると、幼虫のからにつかまり、からだとはねをのばす。

アゲハ新聞

2017年4月発行

はねをあげたすがたが「揚羽」に

日本では、幼虫から成虫へとすがたをかえるチョウは、「不死不滅」「生まれかわり」をあらわすと考えられ、貴族や武士にいろいろなところでもちいられてきました。なかでも、はねをあげたチョウの文様は「揚羽」とよばれ、人気でした。

蝶螺鈿蒔絵手箱（鎌倉時代）
今から800年ほど前につくられた作品で、黒くうるしでぬられた木地にぼたん唐草とさまざまな形のチョウをデザインした手箱。金具は、はねをあげた「揚羽」の形になっている。国宝。（畠山記念館蔵）

紅白段菊芒蝶模様唐織（江戸時代）
江戸時代の着物。いろいろなチョウのすがたがえがかれているが、はねをあげた「揚羽」には尾状突起が見られる。（東京国立博物館蔵）

ホソオチョウ

白いはねに細長い尾状突起を持つホソオチョウ。アゲハよりひとまわり小さく、日のあたる草地をゆっくりと飛びます。日本にはいなかったチョウですが、韓国などから人の手によって日本に入り、定着しました。幼虫は、ジャコウアゲハの幼虫と同じウマノスズクサを食べます。

ウマノスズクサが多く見られるところでホソオチョウの幼虫が育つ。

幼虫

オス

メス

ホソオチョウ
- 🟦 60〜65mm
- 🟥 本州、九州
- 🟩 4月〜10月　幼虫はウマノスズクサなどを食べて育つ。

人間には見えない色が見える！

アゲハやモンシロチョウは6種類、モンキチョウは8種類の色を見わけるためのセンサーを持っています。ところがアオスジアゲハは、15種類ものセンサーを持っていることがわかりました。
海にすむハナシャコは16種類ものセンサーを持っていますが、色を区別する能力は人間よりおとるようです。
アオスジアゲハの目のしくみはアゲハとにています。アゲハは、人間が見ることのできない紫外線や光の振動をとらえてくらしていることがわかっています。同じように、アオスジアゲハも人間にはまったく見えない色を見てくらしていると考えられています。

シロツメクサにとまるアオスジアゲハ。飛び方ははやく、高いところまでまいあがる。都会でもよく見られる。

水をのむ？

チョウは水たまりなどで水をすうことがあります。水分を取り入れるため、からだの温度を下げるため、みつにないえいようを取り入れるためなど、いろいろな理由があるようです。また、からだの体液を調整しているとも考えられています。
水をのむのはなぜかオスが多いようです。

土に口をさしこみ、水をのむアゲハとアオスジアゲハのオス。

少年をとらえたアゲハ

手元にアゲハの古びた標本がある。私が小学校1年生のとき、当時住んでいた名古屋で採ったものだ。網に入れたのは父で、父はこれをパラフィン紙で包み、私に持たせてくれた。帰りのバスの中で、私は幾度となく包みを開いては中のチョウをながめた。裏面のオレンジ色の鮮やかさに息をのんだ、そのときのちょっと痛いような感覚は、未だにのどの奥に残っている。そのとき以来、私はすっかりアゲハのとりこになってしまった。少年だった私は、いまでは色あせてしまったこのアゲハにつかまったのである。
家に帰ると父は、父自身が子どものころに親戚のおじさんにつくってもらったという展翅板を出してくれた。私は昆虫図鑑のうしろの方にあった「ひょうほんのつくりかた」を見ながら、生まれて初めて展翅をした。胸にささるマチ針は、母の裁縫箱からもらったものだ。

東京にあった祖母の家では、庭のサンショウにアゲハの幼虫がたくさんついていた。祖母の庭で私は、幼虫の角からはミカンの強い香りがすることを知った。幼虫の美しさにも魅せられた私は、近所のサンショウやミカンから幼虫を集めては菓子箱に入れ、飼育に熱中した。黄色いはずの角が真っ赤だったときは、仰天した。クロアゲハだった。カラスアゲハ5令幼虫の繊細な青い模様には、暗い裏庭の大きなサンショウで初めて触れた。
寝る前に箱をあけて幼虫達をながめるのが日課で、そのまま寝こんでしまって何匹もの幼虫が私の体の上をはいまわっていたこともあったらしい。アゲハのえさに困らないよう、祖母が庭に植えてあったナツミカンの苗を掘って私にくれたのもこの頃である。その木はまだ実家の庭に生えている。
長じて大学院に入ったとき、指導教授は「好きな動物で好きなことをやりなさい」とだけ言った。私は迷わず、子どもの頃から私をとらえて離さなかったアゲハを選んだ。あれから40年、私はアゲハの感覚を研究し続けている。複眼の構造など、細かく調べたのでずいぶんいろいろなことがわかったとは思う。しかし、ひとつわかると、そこからまたいくつもの疑問がわいてくる。研究すればするほど疑問は増え、それには本当に終わりがないのである。これが自然の奥深さであり、科学の面白さだ。先人の仕事があって、今の研究がある。新しい研究は今の知見を土台にして積みあがってゆく。この本、『ぜんぶわかる！アゲハ』にはこれまでにわかっていることは載っているが、しかし、これからわかるはずのことはもちろん書かれていない。この本を手にした人に、新しいことをどんどんつけくわえていってほしいものだと思う。

蟻川謙太郎（国立大学法人　総合研究大学院大学）

さくいん

あ

アオスジアゲハ ------------- **38** 42 44 65 67
アオムシコバチ ---------------------------- 64
揚羽(あげは) --------------------------------- 66
アゲハタマゴバチ ------------------------- 64
アゲハチョウ亜科(あか) ------------------ 65
アゲハヒメバチ ---------------------------- 64
頭(あたま)のから ---------------------------- 15
イヌザンショウ ---------------------------- 59
羽化(うか) ------------------------------ **25** 32
後(うし)ろあし ------------------------------ 47
後(うし)ろばね ------------------- **47** 50 51 53
ウスバキチョウ ---------------------------- 65
ウスバシロチョウ亜科(あか) ------------ 65
ウスバシロチョウ ---------------------- **45** 65
ウマノスズクサ ---------------------------- 66
上(うわ)くちびる -------------------------- 54
越冬蛹(えっとうよう) --------------------- **24** 58
大(おお)あご -------------------------------- 54
オオカマキリ ------------------------------- 64
おしり ---------------------------------- 47 **52**
おしりの目(め) ---------------------------- 52
オナガアゲハ ------------------------------- 65

か

カラスアゲハ ----------------- **36** 41 43 44 65
感覚毛(かんかくもう) -------------- 46 49 51
眼状(がんじょう)もん ------------------- 54
完全変態(かんぜんへんたい) ---------- 65
キアゲハ --------------------- **34** 40 43 45 65
寄生(きせい)バチ ------------------------- 64
ギフチョウ ---------------------------- **39** 65
気門(きもん) ------------------------- 55 56
キンカン ------------------------------------ 59
口(くち) --------------------------------- 4 **46** 57
クチブトカメムシ ------------------------- 64
クロアゲハ ------------------- **35** 40 43 45 63 65
小(こ)あごひげ -------------------------- 54
後胸(こうきょう) --------------------------- 54
交尾(こうび) ------------------------------ 7 **9**
個眼(こがん) ----------------------------- 48

さ

シジュウカラ ------------------------------- 64
し脈(みゃく) ------------------------------- 51
ジャコウアゲハ ------------- **39** 42 43 45 65
臭角(しゅうかく) ---------------------- **43** 55
触角(しょっかく) ---------------- 46 54 56 57
シロオビアゲハ ---------------------------- 65
前縁(ぜんえん) ---------------------------- 51
前蛹(ぜんよう) ------------------------ **21** 61
前胸(ぜんきょう) ------------------------- 54

た

帯糸(たいし) ------------------ 20 23 **56** 62
帯蛹(たいよう) --------------------------- 44
脱皮(だっぴ) ------------------------- **15** 17
たまご ---------------------- 10 **11** 12 13 59
ダンダラチョウ ---------------------------- 39
中胸(ちゅうきょう) ----------------------- 54
つめ ------------------------------------- 49
テラニシシリアゲアリ -------------------- 64
ドラミング ---------------------------------- 11

な

中(なか)あし ---------------------------- 46
ナガサキアゲハ ------------ **38** 41 43 45 65
夏型(なつがた) ----------------------- 30 **32**
ナミアゲハ ---------------------------------- 2

は

ハナグモ ----------------------------------- 64
はらのあし --------------------------------- 55
春型(はるがた) -------------------------- 30 **32**
尾(び)きゃく ------------------------------- 55
尾状突起(びじょうとっき) ---------- 33 47 **51**
ヒメウスバシロチョウ --------------------- 65
ヒメギフチョウ ---------------------------- 65
不完全変態(ふかんぜんへんたい) ------ 65
複眼(ふくがん) ----------------- 46 **48** 56 57
フン -- 61
ベニモンアゲハ ---------------------------- 65
ホソオチョウ ------------------------- 65 **66**

ま

前あし ------------------------------- 46 **49**
前ばね ------------------------ **47** 50 51 56 57
ミカドアゲハ ------------------ **38** 42 43 44 65
ミヤマカラスアゲハ -------- 33 **37** 41 44 65
むねのあし --------------------------------- 54
目(め) ----------------------------------- 54
モンキアゲハ ----------------- **35** 40 43 44 65

や

ヤブヤンマ --------------------------------- 65
蛹化突起(ようかとっき) ------------------ 57

ら

りんぷん --------------------- 49 51 52 **53**
ルー --- 59